Discovery EDUCATION

맛있는 과학

디스커버리 에듀케이션
맛있는 과학-05 로봇

1판 1쇄 발행 | 2011. 11. 4.
1판 5쇄 발행 | 2018. 3. 11.

발행처 김영사
발행인 고세규
등록번호 제 406-2003-036호
등록일자 1979. 5. 17.
주 소 경기도 파주시 문발로 197(우10881)
전 화 마케팅부 031-955-3102 편집부 031-955-3113~20
팩 스 031-955-3111

값은 표지에 있습니다.
ISBN 978-89-349-5259-6 64400
ISBN 978-89-349-5254-1 (세트)

좋은 독자가 좋은 책을 만듭니다. 김영사는 독자 여러분의 의견에 항상 귀 기울이고 있습니다.
독자의견전화 031-955-3139 | 전자우편 book@gimmyoung.com | 홈페이지 www.gimmyoungjr.com
어린이들의 책놀이터 cafe.naver.com/gimmyoungjr | 드림365 cafe.naver.com/dreem365

어린이제품 안전특별법에 의한 표시사항
제품명 도서 **제조년월일** 2017년 4월 11일 **제조사명** 김영사 **주소** 10881 경기도 파주시 문발로 197
전화번호 031-955-3100 **제조국명** 대한민국 **⚠주의** 책 모서리에 찍히거나 책장에 베이지 않게 조심하세요.

최고의 어린이 과학 콘텐츠

디스커버리 에듀케이션 정식 계약판!

Discovery EDUCATION

맛있는 과학

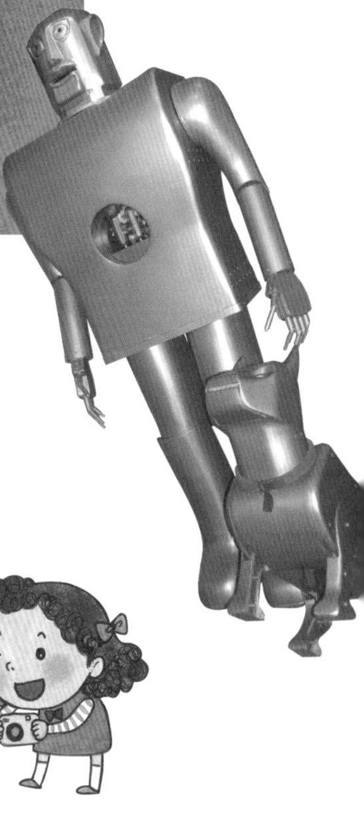

5 | 로봇

진소영 글 | 진주 그림 | 류지윤 외 감수

주니어김영사

차례

1. 나는 로봇

2. '로보타'에서 현재의 로봇까지

3. 생활에 편리함을 주는 로봇의 세계

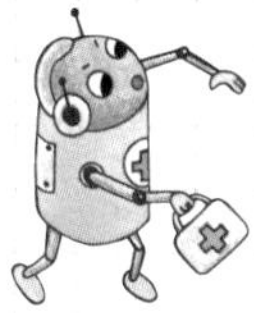

관련 교과

초등 5학년 2학기 **6. 전기 회로 꾸미기**

1. 나는 로봇

여러분은 '로봇'이라는 말을 들으면 가장 먼저 무엇이 떠오르나요? 만화 영화에서 본 〈로보트 태권브이〉나 엄청난 힘과 능력을 가진 〈로보캅〉의 주인공인가요? 아니면 어렸을 때 가지고 놀던 장난감 로봇이 생각나나요? 지금부터 로봇이 무엇인지 천천히 알아보아요.

로봇은 무엇일까요?

체코슬로바키아의 SF 작가 차페크.

카렐 차페크
Karel čapek, 1890~1938

체코슬로바키아의 극작가이자, 소설가입니다. 《로섬의 만능 로봇(R.U.R.:Rossumovi univerzální roboti)》(1920)과 《곤충의 생활(Ze života hmyzu)》(1921) 같은 희곡을 통해서 사회를 날카롭게 비판했습니다. 20세기의 대표적 작가 중의 한 명으로, 특히 SF 문학 장르에서 선구적인 역할을 했습니다.

'로봇'이라는 단어는 1921년 체코슬로바키아의 극작가인 카렐 차페크가《로섬의 만능 로봇》이라는 희곡에서 처음 사용한 말입니다.

이 작품 속에 나오는 로봇은 인간의 힘든 노동을 대신해 주는데, 로섬이라는 사람이 자신의 공장에서 일을 시키기 위해 로봇을 만들었습니다. 처음에는 로봇들이 사람의 말을 잘 들었어요. 그래서 로섬은 힘든 공장 일을 로봇에게 맡기고 편한 생활을 할 수 있었지요.

그런데 어느 날 공장의 한 과학자가 로봇에게 고통을 느낄 수 있는 능력을 주게 됩니다. 그러자 로봇들은 사람들을 공격하기 시작했어요. 자신들에게 힘든 일을 맡기고 편하게 지내는 사람들에 대한 반란이었습니다. 결국 한 명의 사람만 남고 모두 죽게 됩니다. 로봇들 또한 죽어 가고요. 그러다 살아남은 사람이 한 쌍의 로봇 '아담'과 '이브'를 만들고 희곡은 끝이 납니다.

차페크는 사람의 힘든 일을 대신해 주는 기계 인간 또는 인조인간을 '로봇'이라고 불렀어요. 로봇은 체코어로 '노동'을 뜻하는 단어인 '로보타(Robota)'에서 나온 말입니다. 즉, 로봇이라는 말은 사람을 위해 헌신적으로 일해야 하는 노동자, 일꾼의 의미라고 볼 수 있어요.

《로섬의 만능 로봇》의 공연 모습.

로봇은 그 기능이 다양하고 복잡해서 한마디로 정의를 내리기는 어렵지만, 사전적 의미로는 '자동 조절에 의해 조작이나 이동 등의 일을 할 수 있는 기계적 장치' 또는 '사람과 유사한 구조를 가지고 사람의 명령에 따라 스스로 작동하는 자동화된 기계'입니다.

그렇다면 우리 생활에서 편리하게 사용하고 있는 세탁기나 전기밥솥 등을 로봇이라고 할 수 있을까요?

세탁기는 빨랫감을 넣고 물의 높이, 온도, 세탁 시간이나 탈수 횟수 등의 버튼을 눌러 주면 스스로 세탁하고 빨래가 다 끝나면 소리로 알려 줍니다. 전기밥솥 또한 입력되는 기능에 따라 스스로 밥을 하고 밥이 다 되면 소리나 음성으로 알려 주지요.

이러한 가전제품들은 입력된 프로그램에 따라 노동한다는 측면에서는 로봇으로 볼 수도 있겠지만 요즘 우리가 말하는 로봇과는 조금 다릅니다. 오히려 자동화된 기계라고 말하는 것이 더 정확하겠지요. 왜냐하면 세탁을 하고 밥을 짓는 오직 한 가지 기능만을 가지고 있고 입력된 프로그램을 바꿀 수는 없기 때문입니다. 오늘날의 로봇은 다른 프로그램을 입력하면 다른 일을 할 수가 있어요. 이것이 바로 로봇과 자동 기계의 다른 점입니다.

우리도 로봇이랍니다

사이보그

영화 〈로보캅〉을 본 적이 있나요? 이 영화의 주인공을 보면 몸의 일부를 기계로 바꾸어 인간으로서는 상상하기 힘든 엄청난 힘을 발휘합니다. 이처럼 사고를 당하거나 어떤 일로 인해 몸의 일부를 잃었을 때 그 몸의 일부를 인공적인 것으로 바꿔 기계와 생명체가 합쳐진 것을 '사이보그'라고 합니다. 그것이 사람이건 동물이건 구분하지 않고 모두 사이보그라고 부릅니다.

몸의 일부를 기계로 바꾼 사이보그인 로보캅.
ⓒ Karl Palutike@flicker.com

사이보그를 처음으로 생각한 사람은 영국 레딩 대학교의 로봇 과학자 케빈 워릭입니다. 처음에는 인간의 신체를 인공 장기로 바꾸어 신체 기능을 향상시켜 어려운 환경 속에서도 살아남을 수 있도록 한다는 생각으로 시작했지요. 그러나 오늘날에는 질병을 앓고 있는 사람들에게 인공적인 장기, 즉 인공 관절, 인공 심장 판막 등을 수술하여 넣어 주는 것으로 바뀌었습니다. 이러한 기술이 더 발달되어 신체의 일부를 기계 장치로 만들어 이것을 신경과 연결해 줄 수만 있다면 신체의 일부를 잃거나 마비된 사람에게 하나의 빛이 될 수가 있겠지요.

사이보그의 창시자 케빈 워릭.
ⓒ Robert Scoble@flickr.com

지금은 시력을 되찾아 줄 수 있는 인공 눈을 연구하고 있다고 합니다. 앞으로는 신체의 일부가 인공적인 것으로 바뀐 사이보그들을 점점 우리 생활에서 많이 만날 수 있을 거예요. 또한 정상인들이 사이보그가 되어 멀리 떨어져 있어도 서로의 생각을 알 수 있는 세상이 올 수도 있습니다. 사람의 뇌에 심어진 송수신 장치가 그러한 일을 가능하도록 한다는 것이지요. 연구가 더 진행되면 앞으로는 인간과 로봇의 차이를 느낄 수가 없게 되지 않을까요?

실제로 이것을 실험했던 사람이 있습니다. 영국의 케빈 워릭 교수는 자신의 몸을 사이보그로 만들어 실험했지요. 1998년 자신의 왼팔 근육 속에 컴퓨터 칩을 넣고 중앙 제어 컴퓨터와 연결한 뒤 자신의 위치를 그 컴퓨터가 알아내는지 실험을 한 것입니다. 2002년에는 컴퓨터를 통해 사람과 사람 사이에 신경을 통한 직접적인 의사소통이 가능한지를 실험했습니다. 자신과 부인의 팔 신경에 실리콘 칩을 넣은 뒤에 자신의 손가락을 움직일 때 부인의 손가락도 움직이는지를 실험했어요. 이런 기술이 더 발전하면 멀리 떨어져 있어도 서로의 생각을 읽을 수가 있고, 컴퓨터와 정보를 나눌 수도 있겠지요. 지금은 컴퓨터나 다른 기계를 생각만으로 움직이게 하는 연구가 진행되고 있다고 합니다.

안드로이드

안드로이드란 겉으로 보기에 인간과 거의 비슷한 크기와 모습을 가진 인조인간을 말해요. 피부 조직까지 진짜 사람의 모습과 똑같게 만든 로봇이지요. 안드로이드를 만들기 위해서는 로봇의 뼈대가 인간의 골격 구조와 닮아야 하고 관절의 움직임도 인간처럼 자유로워야 해요. 따라서 아직까지 안드로이드 제조 기술은 초보 상태라고 할 수 있지요. 우리나라의 로봇 과학자가 만든 안드로이드로는 '에버투 뮤즈(EveR-2 Muse)'가 있는데, 이것은 노래하는 로봇이에요. 말도 하고 피부 또한 사람과 비슷한 촉감을 느낄 수 있게 만들어졌지요.

APEC에서 선보인 안드로이드 알버트 휴보.
ⓒ Mac@the Wikimedia Commons Project

또 2006년 부산에서 열린 아시아태평양경제협력체(APEC) 정상회담 때 선보인 '알버트 휴보(Albert Hubo)'도 있어요. 이 로봇은 물리학자 아인슈타인의 얼굴을 한, 말도 하며 표정도 지을 수 있는 안드로이드랍니다.

그렇다면 안드로이드와 로봇의 다른 점은 무엇일까요? 로봇은 하나의 기계 장치라고 볼 수 있는 반면, 안드로이드는 로봇과는 다르게 생물학적 물질로 만들어집니다. 초보 단계의 안드로이드가 나오기는 했지만 완벽한 안드로이드는 아직 영화 속에서만 볼 수 있어요.

로봇공학의 3원칙

카렐 차페크의 《로섬의 만능 로봇》이 나오고, 20여 년 뒤 미국의 공상 과학 소설가인 아이작 아시모프는 로봇이 등장하는 여러 편의 소설 중 《아이 로봇》에서 아주 중요한 내용을 발표했어요. 소설에서 그러한 내용을 발표하게 된 이유는 로봇의 기술이 점점 발달함에 따라 《로섬의 만능 로봇》에서처럼 로봇이 인간을 공격하거나 로봇에 의해 지배당하는 세상이 올 수도 있다는 걱정이 생겨났기 때문이에요.

그는 이 소설 속에서 앞으로 로봇을 함부로 만들어서는 안 된다고 말했고, 다음의 세 가지 원칙을 지키는 로봇을 만들어야 한다고 했습니다.

제1원칙 : 로봇은 사람을 해쳐서는 안 되며, 사람이 위험에 빠졌을 때 가만히 있어서도 안 된다.

제2원칙 : 제1원칙에 어긋나지 않는 한 로봇은 인간의 명령에 절대 복종해야 한다.

로봇공학의 세 가지 원칙을 제시한 아이작 아시모프.

아이작 아시모프
Isaac Asimov, 1920~1992

미국의 SF 작가입니다. 생화학을 전공했지만, 천문학·물리학 등 다양한 분야에 관심이 많았습니다. 많은 SF 작품을 발표했고, 특히 미래 사회의 모습을 날카롭게 묘사했습니다.

제3원칙 : 로봇은 제1원칙과 제2원칙에 위배되지 않는 한 자기 자신을 보호해야만 한다.

이 로봇공학의 3원칙은 로봇을 설계하는 과학자가 꼭 지키고 명심해야 할 도덕 원칙입니다. 만약 이 원칙을 지키지 않는다면 어떤 일이 생길까요? 과학의 발전과 함께 로봇은 무시무시한 무기가 될 수 있고, 사람을 해치는 도구가 될 수도 있겠지요. 아이작 아시모프는 로봇이 사람을 해치거나 사람의 명령을 어기도록 설계되어서는 안 된다고 경고했습니다.

그런데 이 3원칙만으로는 인간을 보호하기에 충분하지 않다고 생각한 아시모프는 또 하나의 법칙을 만들었어요. '로봇은 인류에게 해를 끼쳐서는 안 되며, 위험한 상황에 내버려 두어서도 안 된다'는 원칙을 추가하여 이를 제0원칙으로 삼았습니다. 만약 로봇에게 "산에 있는 나무를 모두 태워 버려라."라고 명령하면 그것은 로봇공학의 3원칙에는 위배되지 않지만, 해서는 안 될 일이기 때문에 제0원칙에 위배됩니다. 제0원칙은 이처럼 해서는 안 될 일을 하지 못하게 하는 데 필요한 것이지요.

전쟁 무기로 개발된 로봇.

그렇다면 지금 이 로봇공학의 3원칙은 잘 지켜지고 있을까요?

현재 미국 등 여러 나라에서는 이미 그 원칙을 어기고 있어요. 로봇 무기인 미사일, 무인 전투기 등 전투 로봇을 만들어 실제로 사용하고 있습니다. 로봇공학의 제1원칙을 위반한 것이지요. 앞으로는 전쟁에서의 위험한 일들을 로봇에게 맡기는 일이 점점 더 증가할 거예요. 왜냐하면 전쟁 무기로 사용할 로봇들이 더 많이 만들어지고 있으니까요. 적진을 살피거나 지뢰를 묻거나 찾아내는 일, 전쟁에 쓸 무기들을 운반하는 일 등의 위험한 일들은 모두 로봇이 할 가능성이 높습니다. 다시는 우리가 살고 있는 지구에서 이러한 전쟁 무기들을 사용하는 일이 없도록 세계의 모든 나라가 서로 협력해야 해요.

TIP 요건 몰랐지?

영화 속에는 어떤 로봇이 나올까요?

우리가 즐겨 보는 영화에도 재미있는 로봇이 많이 나옵니다. 그렇다면 어떤 영화에 어떤 로봇이 출연했는지 한번 살펴볼까요.

공상 과학 영화 중 가장 많은 인기가 있는 영화라면 아마도 1977년에 처음 개봉한 〈스타워즈〉일 것입니다. 〈스타워즈〉는 어린이는 물론 어른도 좋아하는 영화이지요. 이 영화에는 사람에게 충성을 다하는 로봇이 출연합니다. 알투디투(R2-D2)와 시스리피오(C-3PO)가 바로 그 로봇들입니다.

〈블레이드 러너〉란 영화에는 사람과 거의 비슷한 안드로이드가 출연합니다. 사람들은 안드로이드를 노예로 만들고, 안드로이드는 사람으로 변장하여 도망칩니다. 주인공이 현상금을 타기 위해 안드로이드를 잡으러 다니지요.

〈바이센테니얼 맨〉은 아이작 아시모프가 죽기 전에 마지막으로 쓴 공상 과학 소설을 영화로 만든 것입니다. 이 영화는 안드로이드가 인간으로 바뀌는 과정을 보여 줍니다. 영화 속의 로봇은 호기심과 기억 능력을 갖게 되고, 사랑의 감정도 느끼게 됩니다. 인간이 되고 싶었던 로봇은 결국 영원히 사는 삶 대신 죽음을 선택합니다.

〈에이 아이〉란 영화에서는 사람처럼 생각하고 느낄 줄 아는 인조인간이 나옵니다. 불치병에 걸린 자식을 둔 부부를 위해 만들어진 안드로이드가 버림받은 후에 부모의 사랑을 되찾기 위해 애쓰는 슬픈 이야기입니다.

〈아이 로봇〉은 2035년 미국의 시카고를 주요 무대로 하여 이야기가 전개됩니다. 그곳은 로봇이 사람 대신 여러 가지 일을 하는 세상입니다. 그런데 꿈을 꾸고 감정을 느낄 줄 아는

한 로봇이 어떤 사건의 범인으로 지목됩니다. 이 사건으로 인해 결국 로봇은 인간을 공격하게 됩니다.

이 모든 영화에서 아이작 아시모프가 쓴 로봇공학의 3원칙을 떠올리게 되지요. 〈스타워즈〉의 알투디투와 시스리피오처럼 인간에게 절대 복종하는 로봇도 있지만 많은 경우 로봇과 인간의 관계가 틀어지고 맙니다.

로봇공학은 시간이 흐를수록 더욱더 발전할 것입니다. 하지만 위의 모든 영화들은 우리가 로봇을 만드는 이유에 대해 다시 한번 진지하게 고민해 볼 필요가 있다고 말하고 있습니다.

알투디투. ⓒ Freedom Wizard@the Wikimedia Commons

시스리피오. ⓒ Piutus@flickr.com

Q&A 꼭 알고 넘어가자!

문제 1 로봇이라는 말을 처음 사용한 사람은 누구일까요? 그리고 로봇이라는 말은 어떤 유래를 가지고 있을까요?

문제 2 사이보그와 안드로이드의 차이점은 무엇일까요?

3. 로봇공학의 3원칙은 미국의 극작가 아시모프가 제시한 원칙이에요. 제1원칙은 '로봇은 사람을 해쳐서는 안 되며, 사람이 위험에 빠졌을 때 가만히 있어서도 안 된다'. 제2원칙은 '1원칙에 어긋나지 않는 한 로봇은 인간의 명령에 절대 복종해야 한다'. 제3원칙은 '로봇은 제1원칙과 제2원칙에 위배되지 않는 한 자기 자신을 보호해야만 한다'입니다. 이런 원칙은 기술이 발전하더라도 로봇이 인간을 해치는 일이 없도록 하기 위해 필요한 것입니다.

문제 3 로봇공학의 3원칙은 무엇일까요? 그리고 이러한 원칙이 필요한 이유는 무엇일까요?

정답

1. 로봇이라는 말을 처음 쓴 사람은 체코슬로바키아의 극작가 카렐 차페크입니다. 로봇이라는 말의 유래는 체코어 '로보타(Robota)'인데, 로보타라는 말은 노동을 뜻합니다. 그래서 로봇은 사람 대신 힘든 일을 해 주는 일꾼이라는 의미를 갖는답니다.

2. 사이보그는 몸의 일부를 기계와 같은 인공적인 것으로 바꾸는 것을 말해요. 이와 달리 안드로이드는 인간의 모습처럼 만든 인조인간이랍니다. 최근 사이보그 연구는 사고나 질병 등으로 신체의 일부가 훼손된 사람들에게 인공 장기나 관절 등을 만들어 주는 등 훼손된 신체 기능을 회복시켜 주는 방향으로 활발하게 진행 중이랍니다.

관련 교과

초등 5학년 2학기 8. 에너지

2. '로보타'에서 현재의 로봇까지

요즘 주위에서 로봇을 많이 볼 수 있지요? 우리 생활을 편리하게 해 주고, 사람 대신 위험한 일을 하는 등 로봇이 우리에게 주는 이점이 여러 가지가 있습니다. 로봇이 어떻게 발전해 왔는지 그 역사를 알아보아요.

신화 속 로봇

호메로스
Homeros

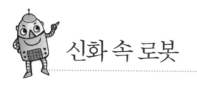

고대 그리스의 서사시인으로 유럽 문학 최고의 서사시라 할 수 있는 《일리아스》와 《오디세이아》를 남겼습니다. 두 작품은 고대 그리스의 대표적인 서사시로 교육과 문화, 사상에 큰 영향을 미쳤습니다.

그리스 신화의 대장장이 신 헤파이스토스.

로봇은 신화 속에서 초인간적인 기계나 괴물과 같은 모습으로 나타나요. 호메로스의 대서사시《오디세이아》에 나오는 키클롭스는 오디세우스 때문에 시력을 잃은 폴리페모스를 왕으로 모시고 살았던 외눈박이 거인이었습니다.

또 기원전 3세기경 그리스 신화 '아르고호의 모험 이야기'에 나오는 탈로스라는 청동 거인도 있습니다. 탈로스는 제우스가 크레타 섬의 왕인 미노스에게 선물하려고 대장장이 신인 헤파이스토스에게 의뢰해 만들었지요.

미노스 왕은 탈로스에게 크레타 섬을 지키라고 명령했습니다. 그래서 탈로스는 크레타 섬을 하루에 세 번씩 돌아보며 낯선 배나 사람이 섬에 들어오면 큰 바위를 던지거나 자신의 몸을 뜨겁게 달구어 상대방을 꼭 안아 죽였어요. 탈로스는 죽지 않는 불사신이었습니다. 하지만 천하무적인 탈로스에게도 한 가지 약점은 있었지요. 온몸이 청동이었지만 발뒤꿈치만은 청동이 아닌 얇은 막으로 덮여 있었던 것입니다. 발뒤꿈치를 바위의 뾰족한 부분에 찍힌 탈로스는 몸속의 납이 다 흐르면서 결국 쓰러지고 말았어요.

로봇이라는 말이 없었던 이 시기에 탈로스는 청동 거인이라고 불렸습니다. 사람들은 오로지 주인의 명령에 복종했던 탈로스를 최초의 로봇이라고 부르기도 한답니다.

《오디세이아》

호메로스가 남긴 서사시입니다. 트로이 전쟁에 그리스 연합군으로 참여했던 오디세우스가 전쟁이 끝난 후 고국으로 돌아오는 과정 중에 겪는 모험 이야기입니다. '오디세이아'는 '오디세우스의 노래'라는 뜻입니다.

신화 속에서 로봇은 초인간적인 기계나 괴물 모습으로 나타난다.

로봇의 토대가 된 자동 장치

앞장에서 말한 것처럼 로봇이라는 단어는 1920년대 카렐 차페크가 처음 쓴 이후 기계의 이름으로 널리 알려졌어요. 그런데 그보다 훨씬 이전에 사람들은 생물처럼 스스로 움직이는 자동 장치를 만들어 사용했습니다.

고대 그리스의 과학자 헤론은 동전을 던지면 동전을 넣은 만큼 물이 나오는 기계 장치를 발명했어요.

프랑스의 기술자 보캉송은 여러 종류의 자동인형을 만들었어요. 1738년에 플루트를 연주하는 자동인형을 발명했습니다. 또한 오리처럼 꽥꽥 울고 물장구도 칠 수 있는 오리와 꼭 닮은 '기계 오리'를 발명하기도 했어요. 이 기계 오리는 내부 기관이 다 보이게 만들어졌기 때문에 음식물을 삼키고 배설하는 모습도 볼 수 있어서 사람들에게 많은 인기를 끌었다고 합니다.

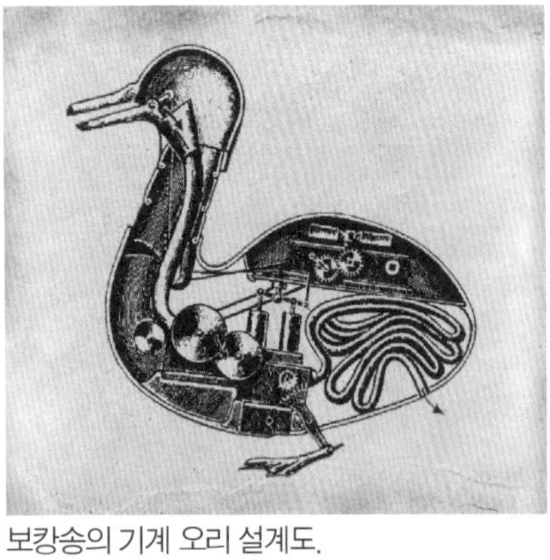
보캉송의 기계 오리 설계도.

1773년 스위스의 자케드로즈는 '글 베끼는 인형'을 발명했는데, 태엽이 달려 있어서 그것을 돌려 주면 스스로 펜에 잉크를 찍어 종이 위에 마흔 개의 글자를 쓸 수 있었다고 해요.

이외에도 많은 발명가들이 그림을

그리거나 나팔을 부는 기계 등 다양한 발명품들을 만들었어요. 이것들은 발명가의 놀잇거리로서 만들어진 것으로, 로봇이라고 볼 수는 없지만 오늘날의 로봇이 만들어질 수 있는 토대를 마련했다는 점에서 그 의미를 찾을 수 있습니다.

그 후 로봇은 우리가 즐겨 읽던 명작 동화에도 등장해요.

1883년 이탈리아의 카를로 콜로디가 지은 동화 《피노키오의 모험》에 등장하는 피노키오는 제페토 할아버지가 잣나무 토막을 이용해서 만든 나무 인형이에요. 그러나 스스로 생각하고 스스로 움직인다는 점에서 조금은 특별한 인형이라고 할 수 있지요.

1900년 미국의 프랭크 바움이 쓴 《오즈의 마법사》에는 양철 나무꾼이 등장해요. 얼굴과 몸통이 모두 양철로 이루어져 있지요. 이러한 과정을 거치면서 사람들은 로봇이라는 개념을 갖게 되었고, 이것이 실제 로봇이 탄생하게 된 바탕이 되었습니다.

스웨덴 보로스에 있는 피노키오 동상.
ⓒ Stuart Chalmers@flicker.com

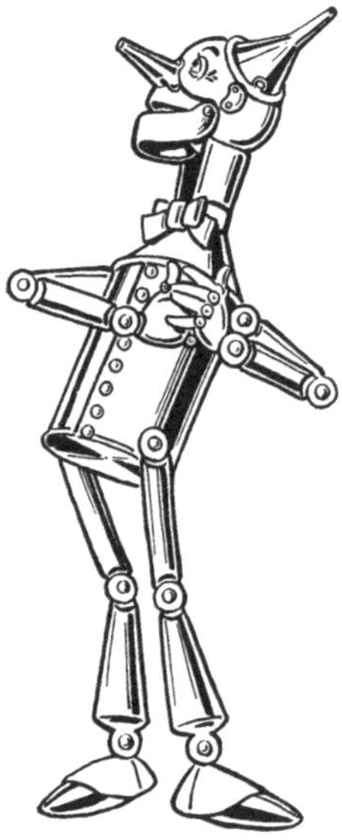

《오즈의 마법사》의 양철 나무꾼.

우리나라 로봇의 역사

우리나라에 로봇이 들어온 것은 1980년대입니다. 경제개발 5개년계획의 성공과 함께 공장에서는 많은 일손이 필요하게 되었고, 공장에서 일하고 있던 노동자들은 노동 인권을 주장하며 더 많은 임금을 받으려 했어요. 그래서 고용주들은 노동자를 대신할 로봇을 들여오기를 원했지요. 이 때문에 우리나라에는 산업용 로봇이 가장 먼저 들어오게 되었답니다. 1987년에 본격적으로 산업용 로봇이 들어왔고 자동차 조립 공장 등에 배치되었어요. 그 당시 미국이나 다른 유럽 사회에서도 대량 생산을 위해 더럽고 위험

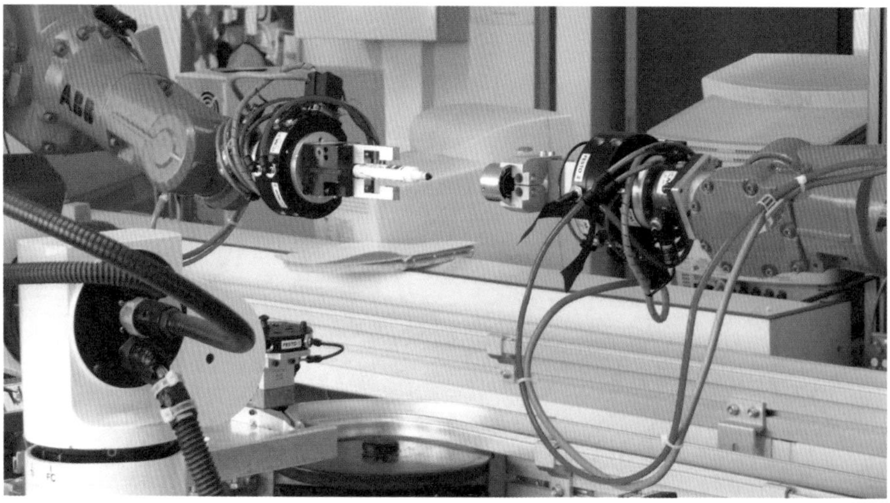

작업 중인 산업용 로봇.

한 일을 해야 하는 곳에 로봇을 배치하여 노동자의 일을 대신하게 했습니다.

1980년대 자동차, 전자 등의 산업 현장에 로봇이 투입된 뒤 1990년대에 들어서면서 우리나라는 본격적으로 로봇 개발을 시작하게 되었습니다.

자동차, 전자, 반도체 산업의 자동화가 널리 이용됨에 따라 우리나라의 산업용 로봇의 활용도는 세계 수준으로 올라서게 됩니다. 또한 1996년 '세계로봇축구대회'와 1998년 '로봇피아드(로봇올림픽)'를 개최하면서 로봇공학 산업에 뒤늦게 뛰어들었지만 앞서 발달한 일본을 바짝 뒤쫓고 있어요.

산업용 로봇

공장과 같은 산업 현장에서 쓰일 목적으로 개발된 로봇을 말합니다. 우리나라에서는 2006년에 현대중공업과 한국기계연구원, 서울대 등 16개 기관이 2년 동안의 개발 기간을 거쳐 자동차 차체 제조 공정 중 조립과 용접 작업을 하는 자동차 제조로봇, HD165을 개발했습니다.

휴머노이드 로봇 분야에서도 1999년 최초로 '센토'를 개발한 것을 시작으로, 점점 더 발달된 로봇을 선보이고 있습니다. 우리나라는 자동차 산업, 정보 산업, 통신 산업이 세계 최고 수준에 이르렀어요. 이러한 기술의 발전에 힘입어 로봇 산업 또한 더욱더 발전할 거예요. 정부는 2003년 8월에 로봇 산업을 차세대 성장 동력 산업으로 지정하고 지원했습니다. 2013년에는 세계 3위의 로봇 강국으로 발돋움한다는 계획이에요. 또한 2020년에는 한 집에 하나의 로봇이 있는 1가구 1로봇 시대를 목표로 하고 있답니다.

TIP 요건 몰랐지?

로봇 축구

로봇 축구 분야는 세계적으로 우리나라가 앞서 있습니다. 로봇 축구 대회는 카이스트 김종환 교수에 의하여 1995년에 창안된 것으로, 이 대회에 참가하는 로봇은 작전이 입력되면 스스로 생각하면서 축구를 하는 인공지능형 로봇이에요.

로봇 축구를 하려면 축구를 하는 로봇, 비전 시스템, 통신 장비, 주 컴퓨터 등 네 개의 시스템이 필요해요. 피라(FIRA, 세계로봇축구연맹)에서는 로봇 월드컵을 매년 열고 있답니다.

로봇 축구에는 휴로솟(두 발로 걷는 휴머노이드 로봇들의 경기), 마이로솟(두 바퀴로 움직이는 로봇들의 경기), 로보솟(노란색 테니스 공을 이용한 경기), 케페라솟(노란색 테니스 공을 이용하여, 두 명의 사람과 로봇이 한 팀이 되어 하는 경기), 나로솟(오렌지색 탁구 공을 이용한 경기), 시뮤로솟(로봇 없이 컴퓨터로 하는 경기) 등 다양한 경기 방식이 있습니다.

로봇 축구 경기 모습. © Photocapy@flickr.com

휴머노이드는 어떻게 발달했을까요?

'휴머노이드'라는 이름에는 사람을 닮았다는 뜻이 담겨 있어요. 사람과 닮은 것은 모두 휴머노이드라고 부른답니다.

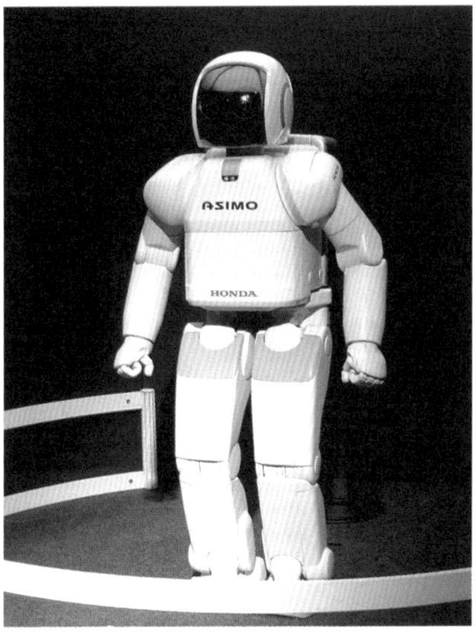

혼다 사에서 제작한 휴머노이드 로봇 아시모.
ⓒ Gnsin@the Wikimedia Commons

세계 최초로 사람 크기의 휴머노이드 로봇을 개발한 사람은 일본 와세다 대학교의 가토 이치로 교수예요. 가토 이치로 교수는 1973년 와봇 1호를 발표했습니다. 와봇 1호는 초보적인 시각 능력과 간단한 회화 능력을 갖추었습니다. 그 이후 발표된 와봇 2호는 열 손가락과 두 발로 전자 오르간 연주를 할 수 있고 청각 기능도 갖추었어요.

세계 최초로 사람과 거의 비슷하게 걸어 다니는 로봇 또한 개발되었는데, 1996년에 혼다 사에서 공개한 P2입니다. P2는 키가 180㎝, 무게가 210kg입니다. 그 후 1997년에 좀 더 개량된 P3를 발표했는데, P3는 두 발로 걷고 문을 여닫을 수 있으며 계단을 오르내릴 수 있어요. 2000년 11월 혼다 사는 두 발로 울퉁불퉁한 길을 균형을 잡고 걸을 수 있으며 방향 전환이 가능한 아시모를 발표했어요. 아시모는 동작이 끊기지 않게 걸을 수 있으며 계단을 오르내릴 수 있다고 합니다.

우리나라에서 최초로 개발된 휴머노이드 로봇은 센토예요. 센토는 1999년에 한국과학기술원(KAIST)의 김문상 교수가 개발한 인간형 로봇입니다. 사람의 상반신과 말의 하반신 모습을 결합해 네 개의 다리로 걸을 수 있고, 자유자재로 손을 움직일 수 있으며, 사람과 비슷한 다섯 개의 감각기관(시각, 청각, 후각, 촉각, 미각)을 가지고 있습니다. 따라서 자신이 처한 상황을 스스로 인식하고 판단하여 자유롭게 움직이면서 여러 가지 작업을 수행할

수가 있겠지요.

2001년에는 한국과학기술원의 양현승 교수가 우리나라 최초로 사람의 몸통을 갖춘 아미를 개발했어요. 아미는 사람의 말을 알아듣는 음성 인식 기능과 사람의 얼굴을 기억하는 시각 인식 기능을 가지고 있고, 가슴에 달린 스크린을 통해 기쁨과 슬픔 등의 감정도 표현할 수 있습니다. 아미는 남자 로봇으로, 키가 150㎝이며 바퀴로 움직입니다. 2002년 11월에는 아미의 여자 친구인 아미엣이 탄생했어요. 키는 120㎝이고 아미처럼 바퀴로 움직이고 음악에 맞춰 춤을 출 수 있어요. 2002년에는 아미와 아미엣이 텔레비전 방송에도 출연했지요.

2004년 12월에는 우리나라 최초의 두 발로 걷는 로봇인 휴보가 개발되었어요. 휴보는 한국과학기술원의 오준호 교수가 발표한 로봇으로, 전후좌우로 자유롭게 움직일 수 있으며 손가락을 따로따로 움직여 가위바위보도 할 수 있답니다.

그 후 우리나라는 세계 최초로 네트워크 기반형 휴머노이드 로봇인 마루와 아라를 제작합니다. 네트워크 기반형 로봇이란 로봇의 핵심 기능을 통신 네트워크를 통하여 수행하는 것으로 외부에 연결된 대용량 컴퓨터가 두뇌 역할을 담당합니다. 그래서 이 로봇의 정보 처리 능력은 거의 무한대예요.

마루와 아라는 각각 키가 150㎝, 무게는 67kg이고 사람처럼 두 발로 걸을 수 있으며, 얼굴 이미지를 미리 입력하면 그 얼굴을 기억할 수 있어요. 또한 네트워크 기반형 로봇이므로 본체에서 얻은 영상과 이미지를 무선으로 뇌에 해당하는 컴퓨터로 보내면 컴퓨터는 이것을 분석하여 로봇에게 적절한 행동을 하도록 명령을 내려요. 마루는 '최고, 정상'을, 아라는 '사람의 말을 알아듣다'에서 '알아'가 '아라'로 변형된 것입니다.

TIP 요건 몰랐지?

로봇 언어

〈스타워즈〉란 영화를 보면 로봇과 인간이 서로 대화를 나누기도 하고 로봇들끼리 인간은 알아들을 수 없는 소리로 의사소통을 하는 장면이 나옵니다. 여러분은 로봇 친구들과 이야기를 나누고 싶지 않나요?

앞으로 우리 주변에는 로봇들이 많아질 거예요. 그러면 로봇에게 일을 시켜야 할 경우도 있고, 로봇과 이야기를 나누고 싶을 때도 있을 것입니다. 그런데 로봇에게 말을 하려면 어떻게 해야 할까요? 우리가 평소에 말하던 방식대로 하면 잘 알아들을 수 있을까요? 그리고 로봇들끼리는 어떻게 의사소통을 할까요?

우주에서 활약하는 로보넛2.

오스트레일리아에 있는 퀸즐랜드 대학교의 과학자들이 언어 연구용으로 만든 두 개의 로봇 '링고로이드'는 새로운 발음의 단어를 만들어 자기들끼리 대화하는 법을 배우고 있습니다. 로봇들은 어떤 단어가 어떤 장소를 가리키는지 알아맞히는 게임을 하기도 하는데 이들이 만든 어휘는 매우 정교해서 단어만 듣고도 다른 로봇이 가리키는 장소를 찾을 수 있다고 합니다.

로봇 언어란 로봇에 동작 지시나 작업 지시를 하기 위해 사용하는 언어입니다. 공장에서 큰 도움을 주고 있는 산업용 로봇에게 작업 순서를 명령하기 위해서는 컴퓨터 프로그램 언어를 사용해야 하는데 로봇을 만드는 회사에 따라 서로 다른 언어를 사용하고 있어요. 로봇이 많은 곳에서 다양한 용도로 쓰이게 되고 프로그램이 정교해짐에 따라 로봇 언어가 쓰기 쉬워져서 로봇에게 쉽게 여러 가지 일을 시키게 되었습니다.

그렇지만 아직까지는 전문가들이 미리 입력해 놓은 명령만 시킬 수 있어요. 앞으로 로봇 언어가 발달해서 인간이 하는 말을 알아들을 수 있게 되고, 센서를 통해 주위 환경에서 얻은 정보를 독자적으로 판단해서 스스로 일을 하는 로봇도 개발될 것입니다.

단순히 일을 시키는 것이 아니라 로봇 친구들과 함께 이야기를 나눌 수 있는 날이 빨리 왔으면 좋겠지요?

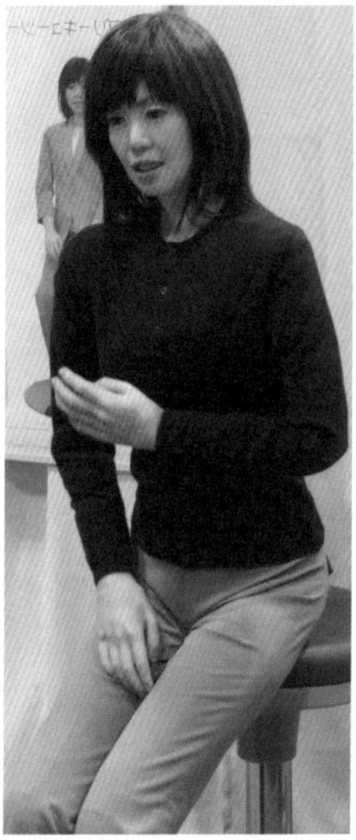

다양한 표정을 지을 수 있는 리플리 큐2. ⓒ LiFarn@the Wikimedia Comm ons project

너무 어려운 문제가 있는데 도저히 풀지 못하겠어.
나한테 말해 봐! 내가 도와 줄게.

Q&A 꼭 알고 넘어가자!

문제 1 그리스 신화에 나오는 최초의 로봇은 어떤 모습이었나요?

문제 2 우리나라에 처음 도입된 로봇은 어떤 로봇이었나요?

3. 휴머노이드 로봇은 인간의 신체와 비슷한 구조를 가진 로봇을 말한답니다. '휴머노이드'라는 말에는 사람과 닮았다는 뜻이 담겨 있지요. 우리나라에서 개발된 휴머노이드 로봇에는 2001년에 개발된 아미와 2002년에 개발된 아미의 여자 친구인 아미엣이 있어요. 아미는 음성 인식 기능과 시각 인식 기능 가지고 있습니다. 그리고 2004년 12월에 개발된 휴보는 우리나라에서 최초로 두 발로 걷는 휴머노이드 로봇이에요. 휴보는 전후좌우로 자유롭게 움직일 수 있으며 손가락을 따로따로 움직일 수 있습니다. 세계 최초로 네트워크 기반형 휴머노이드 로봇인 마루와 아라도 개발되었답니다.

문제 3 휴머노이드란 어떤 로봇을 말하나요? 또 우리나라에서 개발된 휴머노이드 로봇에는 어떤 것들이 있나요?

정답

1. 그리스 신화에는 탈로스라는 청동 거인이 나와요. 대장장이 신인 헤파이스토스가 만들었는데, 이를 제우스가 미노스 왕에게 선물했지요. 미노스 왕은 탈로스에게 크레타 섬을 지키도록 명령했어요. 탈로스는 하루에 세 번씩 크레타 섬을 돌면서 낯선 사람이나 배가 들어오지 못하게 했답니다. 주인의 명령에 복종하는 청동 거인 탈로스의 모습은 오늘날 로봇과 비슷하지요?

2. 우리나라에 로봇이 들어온 것은 1980년대입니다. 경제개발 5개년계획의 성공과 함께 공장에서는 많은 일손이 필요하게 되었고, 1987년에 본격적으로 산업용 로봇을 들여와 자동차 조립 공장 등에 배치했답니다.

관련 교과

초등 6학년 2학기 6. 편리한 도구

3. 생활에 편리함을 주는 로봇의 세계

로봇의 종류는 여러 가지가 있습니다. 사람의 모습과 닮은 로봇도 있지만 다양한 모습으로 우리의 주변에서 여러 가지 일을 돕는 많은 로봇들이 있어요. 3장에서는 산업용 로봇, 서비스 로봇, 의료 복지 로봇에 대해 알아보도록 해요.

산업용 로봇

1946년 미국의 천재적인 발명가 조지 데볼은 자기 테이프에 명령을 기록하여 기계에게 같은 일을 반복하여 시킬 수 있는 방법을 개발했어요. 이것을 자기(磁氣) 기록 방식이라고 합니다. 숙련된 기술자가 어떤 작업을 하는 방법과 순서를 자기 테이프에 입력한 후 그 자기 테이프를 기계에 부착하면 기계는 숙련된 기술자와 똑같은 방식으로 움직이면서 작업을 수행하게 되지요. 이것이 오늘날의 컴퓨터와 로봇이 등장하게 된 가장 핵심적인 발명입니다. 이 자기 기록은 산업 로봇에게 할 일에 대한 정보를 프로그램화시키는 중요한 방법이에요. 그 후 데볼은 이 아이디어를 바탕으로 로봇 팔도 만들게 됩니다.

산업용 로봇이 도입된 배경은, 하루 종일 똑같은 일을 반복해야 하는 일에 로봇이 제격이기 때문이에요. 또 위험하거나 단순한 일에도 로봇이 제격이지요. 예를 들면 드릴로 같은 위치에 구멍을 뚫는다

자기 테이프

마그네틱(magnetic) 테이프라고도 부르는 테이프 형식의 외부 기억 장치입니다. 플라스틱 테이프의 표면에 산화철 등 자기장에 반응하는 자성 물질을 발라서 만듭니다. 한때 컴퓨터 보조 기억 장치로도 많이 쓰였지만, 최근에는 다른 장치들로 거의 대체되었습니다.

조지 데볼

George Devol, 1912~

최초로 산업용 로봇을 고안해 낸 미국의 발명가로 최초의 로봇 회사인 유니메이션을 설립하기도 했습니다. 그가 만든 로봇은 공장에서 부품을 운반하는 용도로 개발되었는데, 이러한 운반과 이동은 지금도 산업용 로봇이 담당하고 있는 주요 기능입니다.

거나 나사를 끊임없이 끼우는 등의 일을 할 때에는 사람보다 로봇이 하는 것이 안전하면서도 훨씬 더 능률적입니다.

사람이 구멍을 뚫거나 나사를 끼우는 일처럼 단조로운 작업을 반복하면 지루해지기 쉽고, 부주의로 불량 제품을 만들 확률이 높아져요. 또한 매우 덥고 시끄러운 작업 환경은 사람의 건강을 해칠 수 있고, 원자력 발전소나 탄광처럼 위험한 곳은 사람들이 일하기 꺼려하지요. 이 모든 곳에서 산업용 로봇이 사람 대신 일하는 거예요.

가장 먼저 산업용 로봇이 사용된 곳은 1960년대 초 제너럴모터스 자동차

공장에서 로봇들이 자동차를 조립하고 있다.

회사의 자동차 조립 라인입니다. 이때의 로봇은 컴퓨터에 연결되어 프로그램된 일의 순서에 따라 사람의 손이나 발을 대신하는 정도의 단순한 작업을 수행했어요. 공장이나 산업 현장에서 이처럼 단순하고 위험한 일을 하는 로봇을 '제1세대 로봇'이라고 합니다. 이 로봇들은 무거운 물건들을 옮기고, 조립하는 일들을 해요. 사람이 한다면 몇 날 며칠이 걸리는 일들을 로봇들은 단 몇 시간 만에 끝낼 수 있고, 입력된 명령에 따라 밤낮없이 일할 수 있습니다.

1980년대 초반에는 단순한 일을 반복적으로 수행하는 로봇과는 달리 감각 기능과 인공지능을 갖춘 제2세대 로봇이 등장했어요. 제2세대 로봇은 사람의 음성을 이해하고, 대상의 크기나 위치를 판단할 수 있지요. 또한 사람의 손이 하는 것보다 더 정교하게 작업을 수행해 낼 수 있어요. 아주 작

로봇이 사람의 손으로 하기 힘든 정밀한 작업을 수행하고 있다.

은 부품을 조립하거나 정확한 위치에 배열해야 하는 일이 많은 전자 제품 생산 공장에서 주로 많이 사용되고 있습니다.

1980년대 중반에 접어들면서 제3세대 로봇이 개발되었습니다. 이 로봇은 제2세대 로봇에는 없었던 알아서 깨닫는 능력을 가지고 있어요. 그래서 제3세대 로봇들은 산업 현장에서 더욱 뛰어난 작업을 할 수 있었습니다. 하지만 그 결과 노동자들에게 로봇은 점점 자신들의 할 일을 빼앗는 존재로 인식되어 하나의 사회 문제가 되기도 했어요.

서비스 로봇

기술의 발전으로 다양한 로봇들이 등장함에 따라 일상생활에서 사람을 도와 여러 가지 일을 대신해 주는 로봇도 나오고 있어요. 가사 일과 더불어 병원이나 재활원에서 환자를 돕는다든지 친구 역할을 하는 등 다양한 장소에서 서비스 로봇이 활용되고 있습니다.

사람 대신 청소를 해 주는 자동 로봇 청소기.
ⓒ Larry D. Moore@the Wikimedia Commons

사람의 일을 도와주는 서비스 로봇의 종류에는 가사 로봇, 생활 도우미 로봇, 교육용 로봇, 안내 로봇, 접대 로봇 등이 있답니다.

청소 로봇과 생활 도우미 로봇

가사 로봇은 말 그대로 청소, 세탁, 설거지, 요리 등 집안일을 할 수 있는 로봇입니다. 전기 코드만 꽂으면 기다란 팔을 자유롭게 움직이며 집 안의 여러 일들을 해 주는 플렉시봇(로봇 팔)도 있어요. 청소 로봇은 2004년 4월에 우리나라에 처음으로 도입되었는데, 바쁜 현대인들에게 인기가 있답니다.

생활 도우미 로봇은 주로 노인들이나 신체적 장애를 가진 사람들이 일상 생활을 할 때 도움을 주는 로봇이에요. 시각 장애인을 위해 길을 안내해 주는 대표적인 로봇에는 '멜독'이 있습니다. 카메라 장치가 달려 있는 멜독은 장애물이 없는 길을 찾아서 굴러가기 때문에 시각 장애인이 안전하게 길을 갈 수 있도록 도와줍니다.

그리고 노인이나 장애인이 걸을 때 안전하게 걸을 수 있도록 도움을 주는 '보행 보조 로봇'도 있어요. 이것은 2007년에 우리나라에서 개발된 재활 로봇으로, 다른 사람의 도움 없이 길을 다닐 수 있게 해 줍니다. 또한 손이나 다리를 쓰지 못하는 장애인을 위한 '휠체어 로봇'도 있답니다.

교육용 로봇

교육용 로봇은 아이들의 공부를 도와주는 로봇으로, 학교와 가정에서 그 역할을 수행할 수 있어요. 한마디로 가정 교사라고 할 수 있겠지요. 또한 교육용 로봇은 동화책을 읽어 준다거나 영어 동요를 들려주기도 합니다. 현재 많은 학부모들이 이 교육용 로봇을 기대하고 있어요. 아직은 교육용 로봇의 종류가 다양하게 나오지 않았지만 높아지는 요구에 힘입어 점점 우리 공부에 도움을 주는 로봇이 나오지 않을까 기대하고 있습니다. 하지만 숙제를 대신 해 준다거나 해야 할 것들을 대신 해 주는 숙제 로봇을 생각하는 건 아니겠지요?

메트로맨이라는 이름의 로봇. 아이들에게 열차를 안전하게 이용하는 방법을 알려 주고 있다.
ⓒ Daniel Case@the Wikimedia Commons

안내 로봇

안내 로봇은 공공장소나 각종 행사장에서 사람 대신 행사를 안내하거나 손님을 맞이하는 역할을 해요. 2007년 외식 도우미 '아로'가 소개되었는데, 아로는 레스토랑에서 손님을 맞이하며 좌석을 안내하기도 하고 고객의 사진 촬영까지 할 수 있다고 합니다. 이외에도 청사 관리 로봇, 민원 도우미 로봇 등 점점 더 다양화된 안내 로봇이 나올 전망입니다.

오락용 로봇

후지쯔 사에서 개발한 서비스 로봇 에논. 공항이 나 역에서 위치를 안내하고, 사무실이나 공장 등에서 물건을 운반하는 일을 수행할 수 있다.
ⓒ Jennifer(Ms. President@flickr.com)

사람에게 즐거움을 주는 서비스 로봇도 있어요. 오락용 로봇이라고 부르기도 하는데 그 종류로는 애완용 로봇과 경기용 로봇이 있습니다. 애완용 로봇은 사람 옆에서 외로움을 달래 주기도 하고 친구처럼 놀아 주는 일을 합니다. 또 애완용 동물을 키우고 싶은데 키울 수 없는 환경인 경우 그 동물을 대신하여 키울 수 있습니다. 우선 털이 날리지 않아서 위생적이며, 짖는 소리가 나지 않아서 좋은 대안이 될 수 있어요. 또 배설물을 처리하고 병원에 데려가거나 먹이를 제때에 챙겨 줄 필요가 없기 때문에 나이가 많으신 분들의 친구 역할을 하는 데도 효과적입니다.

애완용 로봇은 의학적으로도 그 효과가 탁월해요. 먼저 심리적으로 사람들에게 즐거움과 위안을 줄 수 있어요. 그리고 환자들의 혈압이나 맥박을 안정시키는 생리적 효과가 있습니다. 뿐만 아니라 사람들에게 화젯거리를 제공해 주는 사회적 효과도 있답니다. 대표적인 애완용 로봇으로는 일본의 아이보와 미국의 마이리얼베이비(나의 진짜 아기)가 있습니다.

아이보는 로봇 강아지로 주인의 얼굴과 목소리를 알아들을 수 있고 감정 표현을 할 수 있어요. 마이리얼베이비는 말 그대로 아기처럼 생긴 로봇 인

◀ 애완용 로봇 아이보. ⓒ Morgan(meddygarnet@flickr.com)
▶ 로봇 월드컵에서 활약한 축구 로봇들. ⓒ Luis Villa del Campo(luisvilla@flickr.com)

형이에요. 울거나 웃을 수 있으며, 우유병을 주면 꼭지를 빨기도 한답니다.

경기용 로봇으로는 축구 로봇이 있어요. 로봇 축구 대회는 우리나라가 종주국으로 해마다 국내외를 번갈아 가면서 개최하고 있습니다.

서비스 로봇은 앞으로 노인 인구와 일하는 여성이 늘어나고 있는 추세에 맞추어 점점 더 다양하게 개발될 거예요. 애완용 로봇과 청소 로봇은 이미 우리 생활에 많이 보급되고 있어요. 사람의 복지와 행복을 지켜 주는 서비스 로봇을 기대해 봅니다.

의료 복지 로봇

내 몸속을 돌아다니며 아픈 곳을 치료해 주는 로봇이 있다면 어떨지 생각해 본 적이 있나요? 이것은 실제로 일어나고 있는 일이랍니다.

독일 일메나우 공과대학의 연구팀에 의해 개발된 초소형 로봇 벌레가 바로 그것입니다. 이 로봇 벌레는 사람 몸속의 정맥 또는 동맥 속으로 들어가서 진찰하거나 아픈 부위를 청소하여 치료하는 로봇으로, 수술 도구로도

사용한다고 해요.

2007년 2월에 일본에서 개발된 초소형 의료 로봇도 있어요. 딱정벌레를 닮은 모습이며, 머리 부분에 카메라가 달려서 아픈 곳을 확인하고 약물을 투입하며 조직을 떼어 내는 기능도 가지고 있어서 환자의 치료에 큰 도움을 준다고 합니다. 이러한 초소형 로봇들은 직접 치료할 수 있기 때문에 치료 효과는 훨씬 더 크다고 할 수 있지요.

처음으로 수술에 실제로 이용된 로봇은 1992년 11월 미국에서 선보인 '로보닥'이에요. 로보닥은 로봇 의사라는 뜻인데, 수술에서 미세한 구멍을 뚫는 데 사용되었어요.

로봇을 수술에 이용하는 이유는 수술할 때 로봇이 사람보다 훨씬 더 정확하고 실수가 없기 때문이에요. 사람의 혈관 속으로 들어가서 막힌 혈관을 치료하기도 하고, 특히 중요한 부위를 건드릴 위험이 있는 수술에서는 조금의 오차도 생겨서는 안 되기 때문에 의료 로봇은 꼭 필요하지요.

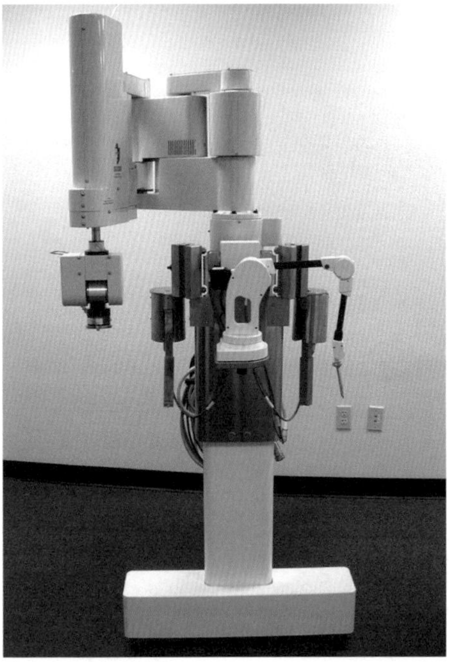
수술용 로봇 로보닥.

2002년에는 로봇 손을 말하는 '다빈치'라는 로봇을 이용하여 심장 수술을 했어요. 이 로봇 손을 이용하면 회복 기간이 짧고 의사들의 손 떨림도

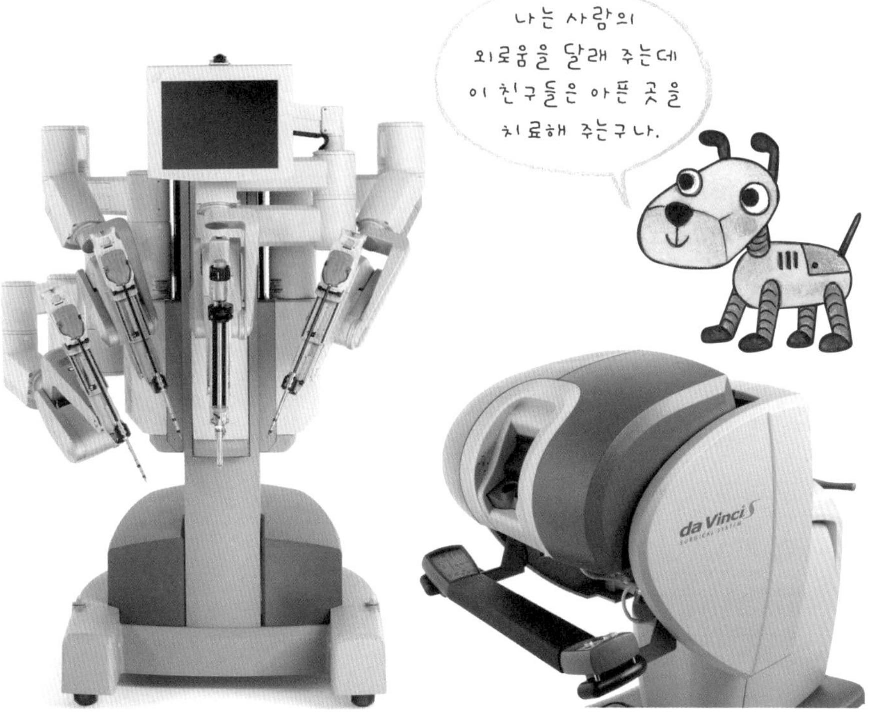

da Vinci S
나는 사람의
외로움을 달래 주는데
이 친구들은 아픈 곳을
치료해 주는구나.

수술용 로봇 다빈치.

없앨 수 있답니다. 심장 수술 환자인 경우에는 이 로봇 손을 이용하여 원격 조정으로 멀리 떨어진 곳의 환자를 수술할 수도 있습니다. 몸속의 로봇 손에 달려 있는 비디오카메라를 통하여 의사는 심장의 내부를 보면서 멀리에서도 수술할 수 있는 것이지요.

실제로 우리나라 병원에서도 로봇을 이용하여 수술을 하곤 합니다. 그 예로 2011년 4월 말, 가톨릭대학교 인천성모병원에서 다빈치 로봇을 이용한 심장 수술에 성공했어요. 환자는 일반적인 수술을 하면 가슴 중앙을 절개해야 해 흉터가 크게 남을 수밖에 없었어요. 하지만 로봇 수술을 함으로써 로봇 손이 들어가기 위한 4~5㎝ 길이의 상처밖에 남지 않아 흉터가 거의 없다고 합니다. 일반 수술과 달리 최대한 덜 절개했기 때문에 통증도 거의 없고 감염될 확률도 줄었지요.

환자의 내부 기관을 진찰하기 위한 다른 방법으로는 초소형 마이크로 로봇인 알약 형태의 로봇을 삼키는 거예요. 알약 형태의 로봇은 삼킨 순간부터 소화가 될 때까지의 과정을 상세히 관찰한 영상을 몸 밖으로 보내요. 그러면 그 정보를 가지고 환자의 건강 상태를 진단하지요. 이 방법은 소화 기관이 아픈 환자를 진찰할 때 주로 쓰입니다.

이 밖에도 간호 로봇이 있습니다. 병원에서 환자를 간호하는 로봇을 간호 로봇이라고 해요. 간호 로봇은 환자를 목욕시키거나 환자의 보행 훈련을 돕습니다.

TIP 요건 몰랐지?

나노 기술

나노는 10억분의 1을 뜻하는데, 고대 그리스에서 난쟁이를 뜻하는 나노스(nanos)라는 말에서 유래되었어요. 1나노미터(nm)라고 하면 10억분의 1m의 길이입니다. 10억분의 1m란 머리카락의 1만분의 1이 되는 초미세의 세계입니다. 이것은 원자 3~4개가 들어갈 정도의 크기입니다.

나노 기술은 다양하고 복합적인 기능을 갖는 나노 크기의 새로운 물질이나 장비를 만들어 물리, 화학, 전자, 생명공학, 에너지, 의학, 환경에 이르기까지 널리 응용되는 종합적인 과학이에요. 안경에 나노막을 씌우면 빗물이 안경 표면에서 미끄러져 내리는 것이 나노 기술의 예입니다.

Q&A 꼭 알고 넘어가자!

문제 1 최초로 산업용 로봇을 고안한 사람은 누구인가요? 그리고 산업용 로봇은 어떤 분야에서 가장 먼저 사용되었나요?

문제 2 산업용 로봇의 발전은 긍정적인 측면도 있었지만, 이를 부정적으로 바라보는 시각도 있었어요. 산업용 로봇의 발전이 어떤 문제를 일으켰기 때문일까요?

3. 애완용 로봇의 의학적 효과에는 심리적으로 사람들에게 즐거움과 위안을 주는 효과, 환자들의 혈압이나 맥박을 안정시키는 생리적 효과가 있어요. 그리고 사람들에게 화젯거리를 제공하는 사회적 효과도 있답니다. 대표적인 애완용 로봇으로는 일본의 로봇 강아지 아이보를 들 수 있는데, 아이보는 주인의 얼굴과 목소리를 알아들을 수 있고 감정 표현을 할 수 있다고 해요.

문제 3 애완용 로봇이 의학적으로도 효과가 있다고 해요. 과연 어떤 효과가 있을까요?

정답

1. 산업용 로봇을 최초로 고안한 사람은 미국의 발명가 조지 데블이라는 사람이에요. 산업용 로봇는 주로 공장에서 반복적인 작업을 할 때 많이 쓰이는데, 산업용 로봇이 최초로 배치되어 쓰인 곳은 미국의 자동차 회사 제너럴모터스의 자동차 조립 공장이었어요.

2. 로봇들이 산업 현장에 더 많이 배치되고, 그곳에서 더 뛰어난 능력을 발휘하여 작업을 수행할수록, 노동자들의 일손이 덜 필요하게 되었어요. 그래서 노동자들에게는 로봇이 자신들의 할 일을 빼앗는 존재로 인식되었고, 하나의 사회 문제가 되기도 했답니다.

관련 교과

초등 4학년 1학기 **2. 지표의 변화**

중학교 2학년 **6. 태양계**

4. 신기하고 고마운 로봇의 세계

사람이 직접 하기 위험하거나 사람이 갈 수 없는 곳에서 어려운 일을 해 주는 로봇들이 있어요. 어떤 모습일지 궁금하지 않나요? 깊은 바닷속이나 먼 우주까지 탐험하는 다양한 로봇들의 활약상도 알아보고 추억의 만화 영화 속 로봇들도 만나 보아요.

생체 모방 로봇

과학자들은 동물의 모습과 동작을 연구하여 여러 가지 로봇을 개발하는 데 활용하고 있어요. 시각 정보에 민감하게 반응하는 곤충의 비행법은 초소형 로봇 개발에 적용되고 있습니다. 예를 들어, 파리나 벌이 비행하기 위해 사물의 움직임을 감지하는 방법을 분석하여 로봇 비행체에 적용했답니다. 속도계나 고도계 없이도 이륙하고 착륙할 수 있도록 말이지요.

잠자리와 똑같이 생긴 도청 로봇도 있어요. 몸속에 도청 장치와 초소형 카메라가 들어 있어서 정찰과 도청의 임무를 수행하는 로봇이에요.

물고기처럼 지느러미를 달고 물속을 헤엄치는 물고기 로봇도 있습니다. 2006년 1월 국내 최초로 물고기 로봇 '로피1.3(ROFI1.3)'이 탄생했어요. 로피1.3은 잠수도 가능하며 몸집이 작기 때문에 수중 심부름꾼으로 사용하기에 제격이에요. 또 식인 상어를 찾아내거나 위험한 일이 생겼을 때 경보를 보내는 등 해수욕장의 안전 요원으로도 활용할 수 있답니다.

개처럼 땅을 기어 다닌다고 해서 이름 붙여진 '견마 로봇'도 있어요. 이 로봇은 국방부와 지식경제부가 2006년부터 2011년까지 개발하기로 계획한 로봇으로, 근거리 감시와 정찰, 지뢰를 탐지하는 등 인간 병사 대신 위험한 임무를 수행하도록 설계했습니다.

사람 대신 로봇이 전쟁하는 상상 속의 일들이 점점 현실로 다가오고 있

미국의 군용 견마 로봇 빅도그(Big Dog)

는 것이지요. 또한 로봇 연구자들은 지구상에서 가장 빠른 곤충인 바퀴벌레를 본뜬 로봇을 만들기도 합니다. 바퀴벌레의 다리는 각각의 역할이 있기 때문에 속도를 빨리 낼 수가 있어요. 가장 짧은 앞쪽 다리는 속력을, 중간 다리 두 개는 가속을, 가장 긴 뒤쪽의 다리 두 개는 추진을 담당하지요. 이러한 원리를 로봇의 다리에 적용하여 바퀴벌레처럼 여섯 개의 다리를 만들어 각각의 역할을 나누면 로봇의 보행 속도를 빠르게 할 수 있어요. 또한 울퉁불퉁한 길에서 자유자재로 걷거나 달릴 수도 있습니다.

이외에도 수직 유리창을 느린 속도로 기어오를 수 있는 도마뱀붙이 로봇 '스티키봇'과 바다를 건널 때 두 다리 또는 네 다리 중 어떤 방법이 더 좋은지 알아보는 연구에 이용되고 있는 거북 로봇 '매들린'이 있어요. 이처럼 동물의 특징을 활용하여 로봇을 만드는 이유는 각 동물마다 가진 다양한 특징을 로봇에 적용하여 필요한 곳에 사용하기 위해서랍니다.

도마뱀붙이 로봇 스티키봇(Stickybot).

탐사 로봇

우리가 살고 있는 태양계의 수성, 금성, 지구, 화성은 암석으로 이루어진 지표를 가지고 있고, 지구 바깥쪽의 나머지 행성들은 모두 가스로 둘러싸여 있습니다. 이들 행성 중 화성은 우주 선진국들이 탐사하기 위해 많은 관심을 보내고 있는 곳이지요.

우주 선진국들이 화성 탐사에 관심을 갖는 이유는 화성이 지구와 비교적 유사한 조건을 가지고 있기 때문이에요. 사계절이 있고 지구와 가장 가깝

매리너 4호.

습니다. 지구와 비교해 볼 때 생명체가 살 가능성이 지구 다음으로 많다고 해요.

화성 탐사를 위해서 탐사 로봇들이 계속해서 보내지고 있어요. 가장 먼저 화성에 착륙했던 탐사 로봇은 미국의 '매리너 4호'입니다. 매리너 4호는 화성의 모습과 환경에 대한 다양한 모습들을 찍어 지구로 전송했습니다. 이후에도 '매리너 6호'와 '매리너 7호' 등 화성 탐험선들은 작은 탐사 로봇들을 싣고서 화성을 관찰하기 위하여 그곳으로 가게 됩니다.

그 후의 화성 탐사 로봇은 미국의 '소저너'입니다. '마스 패스파인더'라는 화성 탐험선에 실린 채 화성에 도착하여 화성 대기 중의 수분의 양, 토양의 광물질 검사 등 여러 가지 일들을 수행했어요. 2004년 화성에 도착한 탐사 로봇은 '스피릿'과 '오퍼튜니티'로, 이들 탐사 로봇들은 화성에 물이 존재했었다는 것을 알아냈지요.

과학자들의 가장 큰 관심사 중 하나는 화성에 물이 존재하느냐입니다. 물의 존재는 바로 생명체가 존재할 가능성을 뜻하기 때문이지요. 탐사 로봇 스피릿과 오퍼튜니티가 보내온 화성의 위성 사진들을 보면 많은 양의 물이 화성 표면을 뒤덮었던 시기가 있었다는 것을 알 수 있어요. 그 후의 화성 탐사 로봇들이 보내온 화성의 모습은 물이 전혀 존재하지 않는 건조한 행성이었지만, 탐사 로봇들은 화성 어딘가에 어느 정도의 물이 존재할 것이라는 가능성을 가지고 계속 화성을 탐사하고 있습니다.

화성 탐사 로봇 외에도 '보이저'라는 탐험 우주선이 있습니다. 보이저는 태양계의 각 행성들을 조사한, 최초의 외계 탐험 로봇이에요. 지구를 출발해 무려 12년이나 걸려서 해왕성 주변에 도착해 그 행성들의 모습을 카메라에 담고 각 행성의 온도를 측정했습니다. 또 방사선의 세기 등 여러 가지 정보를 지구로 보내 왔어요.

이처럼 탐사 로봇들은 사람이 갈 수 없는 우주로 보내져, 많은 위험 요소

화성 탐사 로봇 소저너.

를 가지고 있는 우주 탐험이라는 임무를 수행합니다. 우리는 지금 지구라는 제한된 공간을 벗어나 더 넓은 우주로 활동 영역을 확대하려고 해요. 다른 행성에 인간 이외의 또 다른 생명체가 살고 있는지 여부와 지구와 환경이 비슷한 화성에 물이 존재하는지 등 우리는 지금 미래의 우주 개발을 위해 여러 가지 일들을 연구하고 있습니다.

탐사 우주선 보이저호.

보이저호의 발사 장면.

로봇들은 또한 고장 난 우주선을 수리하거나 회수하는 등의 일도 하고 있어요. 이 로봇들마다 지구에서 조종하는 사람이 있어요. 로봇 한 대당 네 명이 조종하고, 명령을 내리면 약 4분 후쯤 도착한다고 해요.

앞으로 우리는 우주를 개발해 나갈 것입니다. 거대한 우주 도시를 건설할 것이라는 희망을 갖고 있지요. 이러한 일을 할 때에도 로봇들은 큰 역할을 수행할 거예요. 사람이 우주로 직접 가려면 비용이 너무 많이 들고 위험하기 때문입니다.

세계는 지금 우주 탐사에 많은 관심을 기울이고 있어요. 그에 따라서 우주를 탐사할 로봇의 필요성도 커지고 있어요. 미국은 달에 탐사 로봇을 보내고, 2030년쯤에는 화성에 유인 우주선을 발사한다는 계획을 가지고 있지요. 유럽 우주국(ESA)도 2025년에는 화성에 우주 비행사를 보낸다는 계획을 발표했어요. 화성에 가는 최초의 사람이 탄생하게 될 날이 머지않은 것 같네요.

중국이나 일본 등 다른 나라들도 우주 탐사에 많은 관심을 가지고 있고, 우리나라 또한 본격적인 우주 개발을 위해 노력하고 있어요. 우주 개발을 위해서는 무엇보다 달이나 화성에서 탐사할 수 있는 로봇을 개발해야 합니다. 또한 예상하지 못한 일이 닥쳤을 때 스스로 해결할 수 있는 인공지능형 로봇도 필요할 거예요.

탐사 로봇은 고장 난 우주선을 수리하거나 회수하는 일도 한다.

수중 로봇

우리가 살고 있는 지구의 표면은 70% 이상이 바다랍니다. 끝없이 넓은 바닷속에는 엄청나게 많은 양의 광물 자원이 매장되어 있지요. 이러한 광물 자원은 수심 4,000~6,000m의 바다 밑바닥에 분포되어 있습니다. 사람이 직접 내려갈 수 있는 수심은 80m를 넘지 못한다고 해요. 바다는 인간에게 너무도 위험한 곳이기 때문에 수중 자원 개발에 로봇을 활용하고 있습니다.

심해 잠수정 앨빈.

수중 로봇은 이러한 해저 자원을 탐사하거나 침몰된 선박을 인양하는 작업, 기름 제거 작업, 해저 케이블 설치, 수중 구조물의 수리 등에 이용되고 있어요. 미국의 심해 잠수정 '앨빈'과 수중 로봇 '제이슨'은 제2차 세계 대전 때 침몰한 거대 전투함 '비스마르크호'와 북대서양에서 빙산에 부딪쳐 침몰한 당시 세계 최대 호화 여객선인 '타이타닉호'를 찾아내기도 했답니다. 수중 로봇 '제이슨'은 타이타닉호의 여객선 문을

사람이 들어갈 수 없는 바다 깊은 곳에서 로봇이 해저 광물을 채집한다.

열고 곳곳의 사진을 찍어 보내왔어요.

수중 로봇이 주로 활동하는 바다는 빛과 전파가 통과하기 어렵기 때문에 일반적인 로봇의 기술을 그대로 적용할 수 없어요. 따라서 아직까지는 발전된 성과를 이루어 내지 못했지만 과학 기술의 발달에 힘입어 더 깊은 바닷속을 탐사할 로봇이 개발될 것으로 예상됩니다.

우리나라는 1986년 250m급 유인 탐사정 '해양250'을 성공적으로 개발한 뒤로 1993년 해저 탐사를 위한 수중 로봇인 '시로브300', 1996년 자율 항해 무인 잠수정인 '옥포6000'을 개발했어요. 그 후 1997년 한국해양연구원에서 시험용 자율 항해 무인 잠수정인 '보람호'를, 2003년에는 민군

겸용 무인 잠수정인 '소브'를 개발했습니다.

또한 한국해양연구원은 2006년 5월 6,000m급 심해 무인 잠수정인 '해미래'를 개발하였는데, 이 무인 잠수정은 바닷속에서 해저 광물을 탐사하고 채집하는 용도로 쓰이고 있습니다.

미개척 상태인 바다 탐사 활동은 미래의 국가사업에 큰 영향을 미칠 것으로 전망되고 있어요. 우리나라는 삼 면이 바다로 둘러싸여 있기 때문에 해저 탐사에 거는 기대 또한 무척이나 크답니다.

입는 로봇

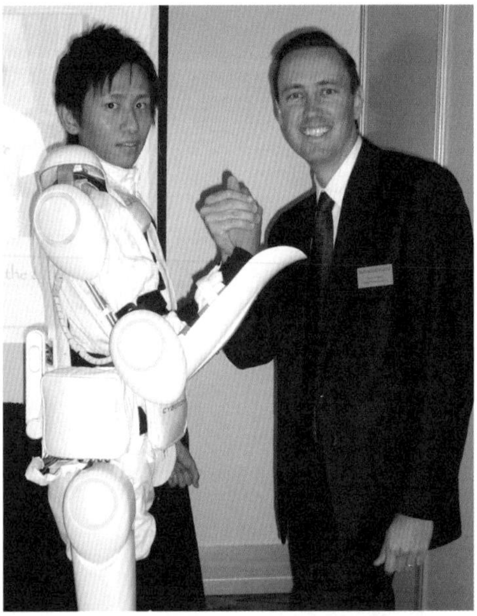
일본 사이버다인 사에서 선보인 입는 로봇 할
(HAL, Hybrid Assistive Limb).
ⓒ Steve Jurvetson(jurvet son@flickr.com)

입는 로봇을 들어 보셨나요? 이 옷을 입으면 날아다닐 수도 있고 로봇처럼 힘도 세어질 수 있을까요?

러시아의 어떤 기술자는 로봇 신발을 개발했어요. 작은 엔진이 달려 있는 이 신발을 신으면 약 40km 정도의 속도로 뛰어갈 수 있다고 해요. 미국에서는 로봇 바지를 개발했어요. 이 바지는 다리가 불편한 사람이 입으면 자유롭게 걸을 수 있습니다.

또한 미국은 입는 로봇인 로봇 슈트를 개발 중이에요. 전쟁터에 나가는 군인이나 소방대원이 이 슈트를 입으면 무거운 것을 힘들이지 않고 들거나 옮길 수 있고, 힘이 약한 노인이나 몸이 불편한 환자들이 입으면 정상인처럼 힘을 쓸 수 있다고 해요. 우리나라에서도 2006년 10월 서강대학교 로봇

연구팀이 입는 로봇 '슈바'를 소개하기도 했답니다.

가장 대표적인 입는 로봇은 미국의 버클리 대학교 연구팀이 개발한 '블릭스'가 있어요. 블릭스는 군인용으로 개발된 것으로, 로봇 다리와 배낭으로 구성되어 있어요. 배낭 안에는 로봇 다리를 움직이게 하는 동력 장치와 컴퓨터가 들어 있습니다. 로봇 다리는 보행 보조기처럼 생겼는데, 배낭 받침대와 연결되어 있고 신발 바닥에 약 40개의 감지기가 있어서 근육의 움직임을 알아낼 수 있다고 해요.

미국의 버클리 대학교에서 개발한 블릭스(Bleex).

앞으로는 급한 일이 생겼을 때 로봇 신발을 신고 껑충껑충 뛰어가는 사람, 다리가 불편해서 잘 걷지 못하던 사람이 정상인처럼 걷는 모습을 보게 될 날이 올 거예요. 〈로보트 태권브이〉 노래 가사처럼 무쇠 팔, 무쇠 다리를 가진 사람을 우리 주위에서 쉽게 볼 수 있게 될 날이 머지않은 듯하지요?

바이러스와 로봇

우리가 사용하는 컴퓨터는 바이러스에 감염되어 컴퓨터 안의 자료가 손상되기도 해요. 그래서 정상적인 작업을 할 수 없는 경우가 가끔 있지요. 그렇다면 컴퓨터를 토대로 만들어진 로봇도 이러한 바이러스에 감염될 수 있을까요? 그럴 수 있답니다. 로봇을 움직이게 만드는 것이 컴퓨터의 작용이기 때문에 로봇도 바이러스에 감염될 수 있습니다. 움직일 수 있는 로봇에 바이러스가 침투한다면 큰일이 아닐 수 없지요. 특히 무인 로봇인 경우에는 일이 더 커질 수 있어요. 무인 군사용 로봇이나 무인 전투기 조종사 로봇이 바이러스에 감염된다면 엉뚱한 곳에 총을 쏘거나 전투기가 잘못 조종되어 위험한 상황에 빠질 수 있습니다. 이런 일들이 일어나지 않도록 하는 것이 가장 좋은 방법이겠지요?

로봇을 만들 때는 철저한 보안 체계를 유지해 로봇의 뇌를 쉽게 조정할 수 없도록 해야 해요. 또 바이러스에 감염된 로봇이 나온다면 빨리 치료해야겠지요. 앞으로 로봇이 점점 많이 등장하게 되면 이러한 일들이 많이 일어날지도 몰라요. 따라서 로봇을 만들 때는 한 번 더 생각해서, 제대로 된 로봇을 만들어야 합니다.

위험한 일은 나한테 맡겨 주세요

일상 생활에서 사람이 하기에는 너무도 위험한 일들이 많아요. 지뢰를 탐지하거나 위험한 폭발물을 제거하는 일, 불이 난 곳에서 위험을 무릅쓰고 소방 작업을 하는 일 등 이렇게 위험한 작업에 사람을 대신해서 로봇을 이용한다면 좋겠지요.

미국에서는 탱크처럼 생긴 폭발물 제거 로봇이 개발되어 사용되고 있어요. 이 로봇은 기계 팔과 비디오카메라를 갖추고 경찰의 원격 조정에 따라 폭탄을 제거하거나 지뢰를 찾아내어 분해하는 일을 합니다.

폭발물 제거 로봇.

우리나라에서 개발된 소방 로봇으로는 디알비파텍주식회사에서 만든 '아키봇' 과 현대위아가 제작한 소방 로봇이 있어요.

이 소방 로봇은 냉각 장치가 되어 있어 뜨거운 열기 속에서도 내부의 전자 장치를 보호할 수 있어요. 소방 호스를 끌고 가서 물을 뿌릴 수 있기 때문에 화재로 위험한 상황일 때 소방대원을 대신해서 일할 수 있습니다.

가끔씩 보도되는 소방대원들의 사고 소식은 우리 모두를 안타깝게 하는데, 하루 빨리 소방 로봇이 많이 보급되어 더 이상 소방대원들의 희생이 없었으면 좋겠지요?

추억의 만화 속 로봇들

"달려라 달려, 로보트야. 날아라 날아, 태권브이."

이 노래를 들어 본 적이 있나요? 1976년 우리나라의 김청기 감독이 만든 〈로보트 태권브이〉라는 만화 영화의 주제가랍니다. 처음 이 영화가 나왔을 때 거의 모든 어린이가 보았을 정도로 인기가 많았어요.

2007년 디지털로 복원된 〈로보트 태권브이〉의 포스터. ⓒ rtkv.co.kr

태권브이는 말 그대로 태권도를 하면서 적을 무찌르는 로봇이에요. 그래서 실제 태권도를 하는 사람의 동작을 참고해서 만들었다고 합니다. 태권브이의 주먹은 강력한 로켓 주먹으로 적에게 치명타를 입힐 수가 있으며 발사되었다가 되돌아온답니다. 또한 태권브이의 머리에는 조종석이 있습니다. 이곳은 적을 살피고 전략을 짜기도 하며 공격과 방어 등의 모든 것을 도맡아 하는 중요한 곳이었어요.

아톰 동상.

만화에 로봇들이 나오게 된 배경에는 〈아톰〉이라는 일본 만화의 힘이 컸습니다. '아톰'은 일본에서 가장 유명했던 만화 주인공으로, 가슴에는 하트 모양의 전자두뇌가 들어 있어서 인간과 똑같은 감정을 지녔고 심장은 엄청난 힘을 낼 수 있는 원자력으로 되어 있어요. 만화에서 아톰은 2003년 4월 7일에 태어났다고 합니다. 그래서 일본에서는 그날 아톰의 생일을 축하하는 잔치를 열었다고 해요. 우리나라에서도 아톰은 많은 인기를 끌었고 유명 건전지의 상품 광고 모델이 되기도 했습니다.

TIP 요건 몰랐지?

로봇의 감각

인간은 시각, 촉각, 청각, 후각, 미각이라고 하는 오감을 가지고 있습니다. 그렇다면 로봇은 어떤 감각을 가지고 있을까요? 로봇이 처음으로 도입되어 사용된 곳은 산업 현장이었기 때문에 일반적인 노동자처럼 로봇 또한 시각 센서를 먼저 갖게 되었지요. 그리고 손으로 작업해야 했기 때문에 촉각 기능 또한 개발되었습니다. 산업용으로 들여왔던 초기의 로봇들은 입력한 대로 움직이며 작업을 수행했어요. 그러다가 서로 간에 충돌 사고가 생기면서 로봇에게도 눈의 기능을 하는 카메라가 달리게 되었지요. 점점 지능형 로봇이 나오게 되면서 로봇 스스로 인간의 말을 알아듣고 행동함에 따라 로봇에게 청각 기능이 더해졌습니다.

앞으로는 애완용 로봇이나 서비스 로봇들이 더 많이 등장하게 될 거예요. 애완용 로봇에게는 인간과 교감할 때 필요한 촉각 기능이 더욱더 중요해질 것이고, 서비스 로봇에게는 후각이나 미각 센서를 추가시켜 우리 삶을 더욱 편리하게 해 줄 것입니다. 집 안의 깨끗한 공기를 담당하는 로봇, 주방에서 맛있는 요리를 해 주는 로봇들이 그런 역할을 하겠지요.

Q&A 꼭 알고 넘어가자!

문제 1 생체 모방 로봇이란 어떤 로봇을 말하나요?

문제 2 수중 탐사에 이용되는 로봇의 이점은 무엇일까요? 또 수중 탐사에서 로봇은 어떤 일을 담당하고 있나요?

속까지 탐사할 수 있기 때문에 큰 이점이 있어요. 로봇은 광물의 탐사·채집뿐만 아니라 침몰한 선박을 인양하는 일에도 쓰이고 있답니다.

3. 누군가는 꼭 해야 하는 일이지만 사람이 하기에는 위험한 일들이 많이 있어요. 지뢰를 탐지하거나 폭발물을 제거하는 일, 화재가 발생한 곳에서 불을 끄는 일들이 그렇지요. 이런 위험한 일들을 대신 해 줄 로봇들이 속속 개발되고 있답니다. 이런 로봇들이 더 많아진다면 위험한 현장에서 일어나는 인명 피해를 더 줄일 수 있을 거예요.

문제 3 우리 주변에는 사람이 하기 힘들고 위험한 일을 담당하는 로봇들도 있어요. 이러한 로봇에는 어떤 것들이 있고, 어떤 일들을 담당하고 있나요?

정답

1. 생체 모방 로봇이란 동물들의 겉모습·동작 등을 연구하여 그와 비슷한 기능을 할 수 있도록 만든 로봇을 말해요. 개처럼 네 발로 다니며 정찰 임무를 하는 견마 로봇, 물고기처럼 물속을 헤엄쳐 다닐 수 있는 물고기 로봇도 있답니다.

2. 해저에는 많은 광물이 매장되어 있고, 우리나라는 3면이 바다로 둘러싸여 있기 때문에 해저 개발에 거는 기대가 크답니다. 그런데 인간이 바다 밑으로 직접 내려갈 수 있는 거리는 수심 80m를 넘지 못해요. 하지만 광물 자원들은 수심 4,000~6,000m 밑바닥에 분포되어 있습니다. 로봇을 이용하면 인간이 직접 가지 못하는 바닷

관련 교과

초등 5학년 1학기 2. 전기 회로
초등 6학년 2학기 3. 쾌적한 환경

5. 사람과 미래의 로봇

지금도 계속 여러 가지 기능을 가진 로봇이 발명되고 있어요. 앞으로 더 많은 로봇이 발명되고, 지금 있는 로봇들의 기능은 한층 업그레이드될 거예요. 앞으로 로봇들이 어떻게 발전할지 궁금하지 않나요? 로봇들과 함께 생활하는 날이 곧 다가올 거예요.

난 스스로 밥을 먹어요

모든 동물과 기계 장치의 움직임에는 에너지가 필요하다. 자동차는 기름을 넣어야 움직일 수 있다.

로봇은 어떻게 움직일까요? 사람이나 동물은 밥이나 다른 음식을 먹어야 에너지를 낼 수 있고 자동차나 오토바이 같은 운반 기구는 기름을 넣어야만 움직일 수가 있지요. 그렇다면 로봇을 움직이게 하는 것은 무엇일까요?

로봇은 일정 시간을 움직이면 다시 전기를 충전해야만 합니다. 대부분의 로봇들은 성능이 좋고 용량이 큰 전지를 이용하여 전기 에너지를 공급받아요. 전원을 이용해서 충전한 후에 사용하는 리튬폴리머 전지나 납축전지 등을 사용하는데, 이 중에서 납축전지가 가장 많이 사용됩니다.

그렇다면 스스로 음식을 먹고 에너지를 사용하는 로봇은 없을까요?

2000년 미국 사우스플로리다 대학교의 스튜어트 윌킨슨 박사는 음식을 먹은 후 그 음식을 소화하는 과정에서 에너지를 만들어 스스로 움직일 수 있는 로봇을 세계 최초로 개발했어요. 이름은 개스트로봇(미식가)이고, 추추(음식을 씹는 소리)라는 별명을 가지고 있습니다. 개스트로봇이 먹는 음식은 각설탕인데, 이 각설탕을 먹으면 위장 역할을 하는 미생물 연료 전지에서 각설탕을 분해하여 에너지를 만든다고 해요. 2004년에는 죽은 파리를 먹고 에너지를 얻는 '에코봇2'와 영국 웨스트잉글랜드 대학교에서 민달팽이를 로봇 팔로 잡아 자체 발효 탱크에 넣어 발생하는 메탄가스를 에너지로 이용하는 '슬러그봇' 같은 로봇들이 개발되었어요.

이런 일들을 보면, 머지않은 미래에 로봇과 식탁에 둘러앉아 함께 식사할 날이 오지 않을까요?

축전지

전기 에너지를 화학 에너지로 바꾸어 모아 두었다가 필요한 때에 쓸 수 있는 장치입니다. 납축전지와 리튬폴리머 전지가 많이 쓰이는데, 납축전지는 외부에서 전류를 보내면 원래 상태로 되돌아갈 수 있어서 방전과 충전을 반복하여 사용할 수 있고, 자동차에 많이 쓰입니다. 리튬폴리머 전지는 안정성이 높고 무게가 가벼워서 노트북이나 캠코더에 쓰입니다.

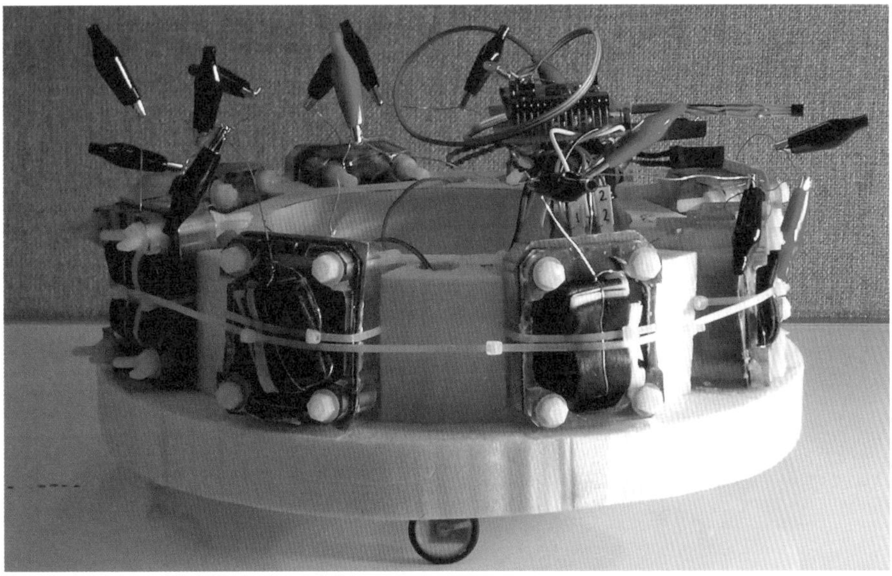

죽은 파리를 먹고 에너지를 얻는 에코봇2.

유비쿼터스 시대

혹시 텔레비전에서 이런 광고를 본 적이 있나요? 외부에서 휴대전화로 집 안에 있는 가스레인지를 끄는 광고 말이에요.

이러한 일들이 점점 현실로 나타나고 있어요. 유비쿼터스 환경이 구현된 집이라면 얼마든지 가능한 일이지요. 유비쿼터스란 '물이나 공기처럼 언

제 어디에서나 존재한다.'는 뜻을 가진 라틴어입니다. 사용자가 시간과 장소에 상관없이 자유롭게 네트워크에 접속할 수 있는 이상적인 정보 통신 환경을 말합니다. 우리 생활 주변의 모든 사물에 컴퓨터 칩을 넣으면 초고속 인터넷선과 휴대전화 통신망을 이용해 언제든지 그 사물과 통신할 수 있다는 거예요. 집 밖에서도 집 안의 사물들을 휴대전화나 리모컨으로 조종할 수가 있는 환경이 된다는 것입니다. 따라서 유비쿼터스 시대의 핵심 장치는 휴대전화가 되겠지요.

유비쿼터스 환경에서는 집 밖에서도 집 안의 사물들을 휴대전화로 조종할 수 있다.

이러한 유비쿼터스 환경에서는 로봇의 역할이 바뀌게 되어요. 로봇 주변의 사물들이 모두 컴퓨터 칩을 내장한 채 지능을 가진 존재가 된다면 로봇은 존재할 이유가 없어지게 됩니다. 유·무선 네트워크로 컴퓨터와 로봇이 연결되어 서로 통신을 주고받게 되면 로봇은 두뇌 역할이 아닌 작업 도구의 역할을 하게 되는 것이니까요.

유비쿼터스가 구현된 미래의 가정에서는 로봇이 각 사물들로부터 받은 여러 정보를 토대로 주인의 생활을 계획표 짜듯이 프로그램화해 줄 거예요. 건강 상태에 맞춘 식단표를 제공하며 운동 시간을 알려 주는 등 우리 생활을 편리하게 해 주는 든든한 조력자가 될 수 있습니다. 손끝 하나로 이루어지는 세상, 우리 미래의 모습이겠지요?

인공지능 로봇

인공지능이란 컴퓨터가 인간처럼 생각하거나 학습하도록 하는 것으로, 컴퓨터가 인간의 지능적인 행동을 모방할 수 있도록 연구하는 것을 말해요. 따라서 컴퓨터의 성능이 발달할수록 인공지능은 더욱 뛰어나게 되지요. 이것을 로봇에게 적용해 인공지능 로봇을 개발하는 데에 세계가 큰 관심을 기울이고 있어요. 로봇 분야는 단순한 일을 하던 로봇에서 점점 인공지능을 갖춘 로봇으로 발전하고 있어요. 인공지능은 미래 로봇의 가장 중요한 요소

인공지능을 가진 무인 비행기.

랍니다. 스스로 상황을 판단해서 행동하고, 생각하면서 움직일 수 있는 로봇, 머지않아 우리의 삶에도 이러한 로봇이 나타나겠지요?

그러나 한 가지, 우리가 꼭 생각해 보아야 할 중요한 것이 있어요. 인공지능 로봇에게 여러 가지 일을 맡기면 인간은 점점 게으른 존재가 될 수도 있어요.

로봇이 아무리 똑똑한 지능과 여러 가지 능력을 가졌다 해도 가장 최후의 결정은 우리 인간이 한다는 사실을 꼭 명심해야 하며, 로봇에 뒤지지 않는 현명한 인간이 되도록 노력해야 합니다.

우리나라의 로봇 산업

로봇이라는 말이 등장한 이후 로봇은 끊임없이 발전해 왔어요. 단순 반복 작업을 하던 초기의 산업용 로봇부터 시작된 로봇 산업은 이제 인공지능을 갖춘 고도의 지능형 로봇으로 계속 발전하고 있습니다. 우리의 생활 속으로 들어와서 이미 자리를 잡은 청소 로봇, 수술하는 로봇, 애완용 로봇 등 로봇의 사용 범위는 점차 확대되고 있어요.

우리나라는 지능형 로봇 산업을 미래의 성장 동력으로 키우기 위해 지속적인 연구와 개발을 계속하고 있어요. 2003년 8월에 지능형 로봇을 10대 차세대 성장 동력 산업으로 지정했으며, 2004년부터는 국가가 연구를 지원하기 시작했어요. 로봇을 연구하는 사람들은 우리나라 로봇 시장이 곧 자동차 산업을 능가할 만큼 커질 것이라고 전망하고 있습니다. 텔레비전이나 전화기처럼 우리 집에 꼭 필요한 로봇을 집집마다 들여놓을 세상이 머지않았으리라 생각하지요.

지능형 로봇 분야는 우리나라가 세계에서 한발 앞서 나갈 수 있을 것이라고 확신해요. 우리도 우리나라에서 개발된 로봇에 더 많은 관심을 가지고 더욱 발전할 수 있도록 노력해야 합니다.

머지않은 미래에 한 가구, 한 대의 로봇이 가족처럼 살게 될 것이다.

TIP 요건 몰랐지?

로봇으로 알 수 있는 각 나라의 문화

나라마다 로봇을 바라보는 시각도 다릅니다. 그런 차이 때문에 개발된 로봇들도 조금씩 다른 점이 있답니다. 어떤 차이가 있는지 일본, 미국, 유럽으로 나누어 살펴볼게요.

일본은 로봇을 단순한 기계 덩어리가 아닌 영혼이 있는 살아 있는 생명체라고 생각해요. 그래서 로봇의 외양도 인간과 비슷하게 만들지요.

미국은 로봇을 청소 로봇처럼 기능을 중요하게 생각하거나, 영화 〈터미네이터〉에 나오는 정도의 기계라고 생각해요.

유럽은 산업용 로봇을 제외한 다른 로봇에는 관심이 없어요. 산업용 외에는 로봇이 필요 없다는 느끼는 것이지요. 그래서 다른 용도의 로봇은 만들지 않는답니다.

각 나라마다 이렇게 로봇에 대한 시각이 차이가 있는 것은 로봇의 개발 가능성이 아직도 무궁무진하다는 것을 의미해요. 우리에게 도움을 주는 다양한 로봇들이 앞으로도 많이 개발될 거예요.

미래의 로봇은 어떤 모습일까요?

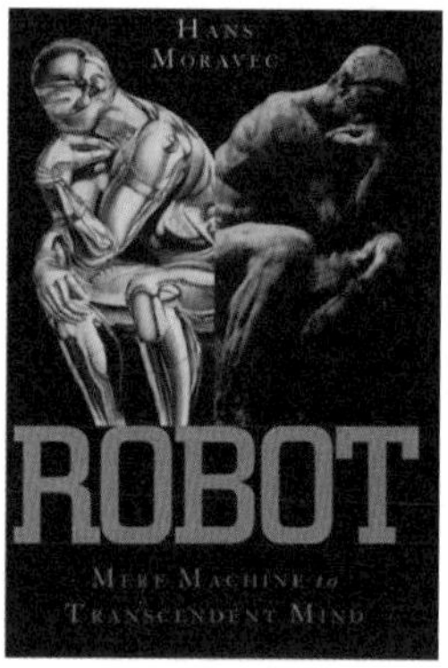

한스 모라벡의 《로봇》 표지.

미래에는 어떤 로봇이 우리의 생활 속에 등장할까요?

사람처럼 생각하고 행동하고 말하는 로봇이 나올까요? 현재보다 더 발전된 로봇이 나오리라는 것은 충분히 예상할 수 있는 일이지요. 가사 일을 척척 해내어 집안 살림에 꼭 필요한 로봇, 위험하고 정교한 수술을 무리 없이 해내는 의사 로봇, 장애인이나 노인들의 생활을 편리하게 해 주는 도우미 로봇 등 우리에게 소개된 로봇이 미래에는 좀 더 발달된 기능을 가지고 등장할 거예요.

많은 사람들은 미래의 로봇이 지금처럼 우리의 생활을 돕는 역할을 충실히 할 것이라고 믿고 있어요. 그러나 미국의 로봇공학자인 한스 모라벡은 《로봇》이라는 책에서 로봇 기술의 발달 과정을 생물 진화와 비교했습니다. 20세기에 곤충 수준의 지능을 가지고 있던 로봇은 21세기에 들어오면서, 10년마다 지능이 크게 높아질 거라고 말이지요.

또 영국의 케빈 워릭 교수는 《로봇의 행진》이라는 책에서 2050년에는 기계가 인간보다 더 똑똑해져 인간이 로봇의 지배를 받는 세상이 올 수도

있다고 예상했습니다. 결국 2050년 이후 지구의 주인은 로봇이라고 말하고 있지요.

여러분도 이미 기계의 발달에 익숙해져 있어요. 간단한 숫자 계산도 전자계산기에 의존하잖아요? 그러다 보면 기계 없이도 잘할 수 있었던 일을 어느 순간에 못하게 될 수도 있어요. 로봇과 같은 기계는 인간이 하기 어렵고 위험한 일을 대신하도록 만들어졌지, 인간의 능력을 떨어뜨리기 위해 만들어지지는 않았습니다. 어디까지나 기계의 주인은 인간이니까요. 그러므로 여러분은 게을러 보일 만큼 기계에 의존하지는 않는지 살펴봐야 한답니다

Q&A 꼭 알고 넘어가자!

문제 1 사람이나 동물은 밥을 먹어야 움직일 수 있고, 자동차 같은 기계는 기름을 에너지로 사용해요. 그러면 로봇은 어떤 에너지를 사용할까요?

문제 2 요즘 '유비쿼터스 시대가 활짝 열렸다.'라는 말을 많이 들어요. 유비쿼터스란 어떤 뜻인가요?

밖에서도 집 안의 사물들을 휴대전화나 리모컨으로 조절할 수가 있어요. 앞으로 유비쿼터스 기술이 발전하면 우리 생활도 더 편리해질 거예요.

3. 인공지능이란 인간처럼 추리, 학습 능력을 가진 컴퓨터 시스템을 말해요. 인간처럼 생각할 수 있는 컴퓨터를 만드는 것이 인공지능 연구의 핵심이랍니다. 이러한 연구의 결과물을 로봇에게 적용해 만든 로봇을 인공지능 로봇이라고 해요. 인공지능 기술이 발전하면 스스로 상황을 판단해서 행동하고 생각하면서 움직일 수 있는 로봇이 현실에 등장할 것입니다.

문제 3 앞으로는 인공지능 로봇이 많이 개발될 것이라고 해요. 인공 지능이란 무엇을 말하나요?

정답

1. 대부분의 로봇들은 전기를 에너지로 이용해요. 보통 성능이 좋고 용량이 큰 전지를 이용하는데, 리튬폴리머 전지나 납축전지가 많이 쓰인답니다. 그런데 최근에는 음식을 먹은 후 그 음식을 소화하는 과정에서 에너지를 만들어 스스로 움직일 수 있는 로봇이 개발되기도 했답니다. 앞으로 로봇과 함께 식사하는 날이 올지도 몰라요.

2. 유비쿼터스의 어원은 '물이나 공기처럼 언제 어디에서나 존재한다.'는 뜻을 가진 라틴어입니다. 시간과 장소에 상관없이 자유롭게 네트워크에 접속할 수 있는 정보 통신 환경을 말하지요. 유비쿼터스 시스템을 통하면 집